亲爱的读者朋友：

你好！

很高兴你此刻打开了《虫子间》。这是一本观虫日记，记录了我日常观察虫子的所见所闻，书里的故事按一年四季的顺序排列。《虫子间》的记录时间为 2015 年至 2021 年，是《虫子旁》的姊妹篇。

特别说明一下，这本书里出现的虫子可不都是昆虫哦，因为昆虫的成虫都是六条腿。蚂蚁、木蜂、螳螂就可以算昆虫，而像看不到腿的蜗牛、鼻涕虫，还有八条腿的蜘蛛，甚至有好多好多条腿的蜈蚣，它们都不属于昆虫。

《虫子间》里的虫子都是我在随园书坊工作室内外偶然遇到的，我可不想爬树毁巢或挖地掘穴。只是有一次我要在菜园子里种菜，才在翻土时撞见了蚂蚁们的地下宫殿一角。不过我拍了几张照片后，就立即把土恢复成原来的样子了。

《虫子间》里出现的虫子都是平凡易见的，大多都可以在校园的墙脚或你家小区的花坛里找到。如果你有耐心，夏日里，

找一棵树或一片草丛，蹲下来，或许不超过五分钟，就有蚂蚁或者蜗牛从你身旁路过。

这本书里不仅记录了虫子与虫子的故事，还有我与虫子之间的故事。不管是拖着鼻涕的鼻涕虫，一被惊扰就会蜇人的胡蜂，还是采花的蝴蝶，或者捕食蚜虫的瓢虫，凡是在工作室周围出现的虫子，我都把它们当成来访的客人。正因为它们有各自独特的性格、个性十足的样貌，才给了我丰沛的创作灵感，让我的生活变得妙趣横生。

《虫子间》只是一本纸质书，只是在纸上讲述虫子的故事，其实大自然才是一本更大的书，这本书里有无穷无尽的故事和景色，会给你意想不到的惊喜，挡也挡不住的灵感。但愿你读完《虫子间》，也会爱上大自然，赶紧一头扎进自然这本大书里！

朱赢椿

2022 年 3 月 3 日

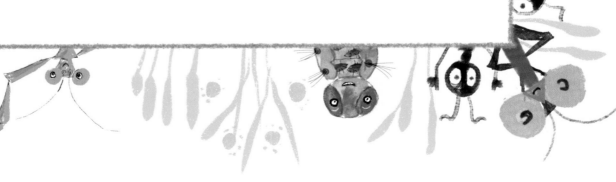

随园书坊手绘图

前院入口
前院
走廊
展厅

蝉蜕
螳螂
壁虎
叶蝉
蜗牛
青砖矮墙
胡蜂巢
土蜂
西瓜虫
爬山虎
草蛉幼虫
贴梗海棠
小猫「切糕」冢
八角金盘
紫竹
香椿树
凌霄
枫树
油菜
朴树
树舌灵芝

阁楼天窗

天井

阳光房

工作室

南

肖蛸

玉带凤蝶

蜘蛛

蜻蜓

螳螂

松树

棉蚜虫

瓢虫

天蛾

枫杨树

苍蝇蛆

竹篱笆

女贞树

野山药

西

随园书坊实景图

前院入口

竹篱笆做的门，曾有木蜂在竹竿上钻孔为家。阶梯下面的低洼处，常常积满雨水，老蜗牛会背着小蜗牛在此散步。西瓜虫常在旁边的竹林里把自己蜷缩成球。

前院朴树

这棵朴树应该有一百多岁了。蜘蛛会在树上织网，蟑螂在此换过衣服，天牛偶尔飞来歇脚。

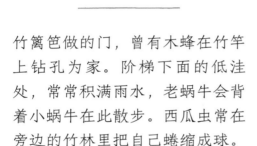

走廊

屋檐下有胡蜂的巢，地上铺着防腐木地板，小蜥蜴会贴着墙脚爬行。地板缝隙之间常有蚂蚁和西瓜虫出没。

天井

这里常常放置着虫子饲养盒和天牛幼虫喜欢藏身的树棍。鼻涕虫会爬到墙边的石头雕像上，多氏田猎蝽也时常光顾。

青砖矮墙

墙上会长出很厚的青苔，棉蚜虫会停在苔藓上歇脚。靠近地面的竹篱笆有白蚁和蚂蚁的巢穴，地面上常能看到跌落的天蛾幼虫。

竹篱笆

竹篱笆上常能看到草蛉幼虫在散步，小尺蠖和小蜗牛在此相遇，各种蜘蛛都喜欢在此出没。

阳光房

推拉门一打开，就会有蜻蜓入内，螳螂曾进来讨茶喝，小蜘蛛也曾在冬天来临时进来避寒。头顶的玻璃上，有鼻涕虫爬过留下的很多痕迹。

阁楼天窗

这是书坊的最高处。常有小壁虎从天窗爬进来。每到夏日黄昏，这里可以看到蜻蜓飞舞的美景。等到夜幕降临，还可以清晰地听到虫子们的鸣唱。

虫子间

少儿版

朱赢椿 著

新星出版社 NEW STAR PRESS

目录

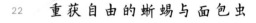

来到虫子间……

天气越来越暖和了，书坊围墙外的两株桃树正悄悄地吐出花苞。

它们并排站立着，手拉手，风一吹，便拥抱在一起，仿佛在祝贺春天的到来，又好像在互相鼓劲，希望到了夏天都能结出更多更大的桃子来。

往年，最先拜访院子的通常是菜粉蝶，今年第一个到访的却是一只胡蜂。这只胡蜂抚摸着去年的旧蜂巢，似乎在想是废物利用，还是另起炉灶。

对于桃树来说，蜂蝶应该是最受欢迎的访客，因为桃树正等着它们帮自己传授花粉呢。

躲在树干里的天牛幼虫已经感知到外面气候的变化，开始活动手脚。有些叶子背面，藏在珍珠般的虫卵里的幼虫，似乎闻到了植物的气息，正尝试着破卵而出……

转眼之间，我搬到这个院子里已经十年了，这些生生不息的虫子已然成为我的日常伙伴。

对于我的虫子伙伴们，我也从渐渐熟悉，到慢慢了解，如今充满好奇地从虫子旁来到了虫子间。现在我离虫子们越来越近，也学会了越来越多和它们相处的方式。

身处虫子间，我能更清楚地看到虫子们的模样，更仔细地倾听虫子们的声音，也见证了更多人与虫子、虫子与虫子之间发生的美妙而有趣的故事。

竹篱笆上木蜂的家

时间：2019.04.12
地点：竹篱笆

　　书坊的前院有一排竹篱笆，每年四月都会有木蜂来安家。有些新来的木蜂会使用往年的旧巢，但是大多数木蜂还是希望建一个新家。

　　不知道为什么，木蜂总是选择篱笆墙的西侧安家。它们先在竹篱笆旁来回飞舞，有时还会停在半空中嗡嗡地鸣唱。它们在仔细寻找合适的竹竿，通常每一节竹竿只能有一个木蜂的家。

　　一旦选准位置，木蜂就会开始日夜不停地工作。它们并不在意我站在背后近距离观察拍照，只顾一个劲地用上颚在竹管上钻孔，耳朵凑近点还可以听到它们啃竹子的沙沙声。咬掉的碎屑纷纷扬扬，撒落到下面的一只木蜂毛茸茸的背和彩虹色的翅膀上。而下面这只木蜂也在聚精会神地钻孔，丝毫不管上面掉落的竹屑。

　　木蜂凿挖竹管的技艺令人惊叹。它们不依靠任何辅助工具，仅凭自己的上颚和下颚，就能在竹竿上钻出一个个小圆孔。每钻一个孔到底要花多长时间，我没有跟踪统计过。也有的木蜂会在钻孔时短暂地离开，甚至半途而废。

　　至于竹孔里面到底是什么情形，我至今仍不清楚，因为实在不忍心把竹管剖开。

看到我的毒刺了吗？千万不要尝试用手摸我哦！

mù fēng
● 木　蜂

因大多数种类在木结构中筑巢而得名，春季最为活跃。雄蜂没有毒刺，但雌蜂在感到危险时会用毒刺攻击人。

è
● 颚

某些节肢动物摄取食物的结构。

　　木蜂把家建好后，便又开始飞进飞出地忙碌起来。雌蜂不但要产卵，还要采蜜。有的木蜂会用屁股堵住洞口，每当有人走近，就会露出尾部的毒刺发出警告。有的木蜂只把触须伸出洞口，似乎在告诉同伴：这里已有主人，请勿打扰。

　　傍晚，我在竹篱笆前的油菜花上，见到一只正忙着采集花粉的木蜂。我刚想走近观看，这只木蜂却突然一头栽倒在地，怀里还紧紧地抱着一小朵油菜花。

　　我急忙蹲下察看，只见木蜂挣扎了一会儿，竟然静静地躺在地上。我以为它在装死，便用树枝轻轻地触碰它，木蜂一开始还轻微挥动前足，很快便一动不动了。难道是一边造房产卵，一边采花酿蜜的生活太过辛苦，使这只木蜂妈妈因过度劳累而亡？虽然不知它的生命因为什么结束了，但让我感到安慰的是，最后陪伴在它身边的是一朵美丽的小花。

山麻杆的五彩叶

时间：2016.03.10
地点：北走廊

走廊矮墙上，一株盆栽山麻杆不声不响地吐出了嫩芽，没过几天，叶片就都完全打开了。

山麻杆的叶子像薄薄的纸片，被春天一点一点地染上了颜色。从绿到黄，从黄到红，均匀渐变。叶片边缘像是被人用剪刀剪成了锯齿状。

在认识山麻杆之前，我还从没见过这么美的叶子，比很多花还好看。山麻杆的花蕊是由许多小球组成的深红色的穗状，让人一看便食欲大开，恨不得摘下来放到嘴里尝一尝。

一只飞过来歇脚的小瓢虫似乎也被山麻杆漂亮的叶子迷住了。或许它觉得自己甲壳上的红色太过单调，比山麻杆的五彩叶逊色不少。

只见瓢虫静静地贴着叶子一动不动，难道它也想让自己的甲壳，染上山麻杆叶那绚丽的色彩？

piáo chóng
● 瓢 虫

成虫半球形，头小，颜色不一，前翅坚硬，多有黑色或黄色斑点。

5

不想绕路的鼻涕虫

时间：2018.04.08
地点：后院墙脚

条华蜗牛和烟管蜗牛正在散步，也许它们已经好久没吃东西了，走路的速度很慢很慢。

这时迎面来了一只很有精神的鼻涕虫，目测这只鼻涕虫的身体有八九厘米长，远看就像一列即将到站的火车缓缓地开了过来。

条华蜗牛和烟管蜗牛径直前行，路面宽阔，足够鼻涕虫从身旁经过。

鼻涕虫越来越近，没有减速，更没有一丁点改变方向的意思，难道鼻涕虫的眼神不行？

已经来不及避让了，条华蜗牛赶紧闪到一旁，看着行动迟缓的烟管蜗牛干着急。

只见鼻涕虫毫不犹豫地碾过烟管蜗牛的身体，头也不回地向前方爬去。

烟管蜗牛被吓得不轻，幸亏有壳，它柔嫩的身体才没有被鼻涕虫压伤，但是壳上却沾了很多鼻涕虫的鼻涕。可怜的烟管蜗牛躲在壳里，迟迟不敢出来。

wō niú
● 蜗牛

常见的软体动物，身背螺旋贝壳，有两对触角。喜欢潮湿阴暗的环境，身体会分泌黏液，对自身有保护作用。

bí tì chóng
● 鼻涕虫

又叫作蛞(kuò)蝓(yú)，软体动物，雌雄同体。外表看起来像没壳的蜗牛，自身湿润有黏液。

　　条华蜗牛赶紧去安慰受惊的烟管蜗牛，过了好久，烟管蜗牛才伸出头来。

　　只见条华蜗牛和烟管蜗牛头靠头，好像在告诉烟管蜗牛：有壳的我们不和没壳的鼻涕虫计较，好蜗牛不和烂鼻涕虫斗。或许它是嫉妒我们的壳，才会做出这样鲁莽可笑的举动！

别再偷看我

时间：2016.05.16
地点：前院

在院子里散步时，
我常常想偷看虫子们的生活，
可每当我看到它们时，
发现它们早就在偷看我。

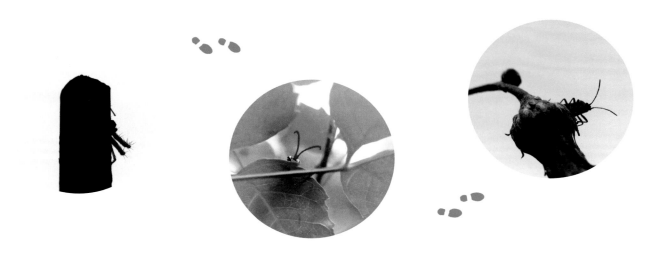

别再偷看我，
不管你是什么蛛，
我都不会去破坏你的网，
我怕你那有毒的牙。

别再偷看我，
不管你是什么蜂，
我都不会去捣毁你的窝，
我怕你屁股上的那根针。

别再偷看我，
不管你是什么蝽，
我都不会去追踪你，
我怕你对我放臭屁。

别再偷看我，
不管你是蜗牛还是鼻涕虫，
我都不会用手去碰你，
我怕你那满身的黏液。

毛毛虫的毛

时间：2019.05.11
地点：枫杨树下

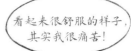
看起来很舒服的样子，其实我很痛苦！

毛毛虫不小心从树上摔了下来！因为是后背着地，幸亏有长毛缓冲才没有受伤。

毛毛虫没想到这身长毛除了预防天敌，竟然还有这样的作用。

等它缓过神来，却遇到了另一个麻烦，因为毛太长，它的身体被稳稳地支在了半空中。

这可给毛毛虫翻身带来了麻烦，它的身体够不着地面，只能在半空中不停地摇头晃脑，频繁地扭动腰肢，好像只有再一次摔倒才能翻过身来。

毛毛虫就这样挣扎了好久，依然没有成功，我只好用小树枝把它轻轻地拨正过来。毛毛虫的身体一着地，便想要迅速逃走，可四周都是白墙，根本无处躲藏。

慌乱间，毛毛虫发现身边不远处有一只蜗牛的空壳，赶忙钻进了壳里，或许它认为蜗牛壳比自己身上的长毛要安全实用得多。

我等了约十分钟，终于看到毛毛虫小心翼翼地探出脑袋，一看到我，它又很快缩回壳里，久久不肯出来。

máo chóng
● 毛 虫

蝶、蛾类幼虫，身上多毛，有些毛虫的毛还会使人产生皮炎。春夏较多，经常出没于树叶、树干处。

蜘蛛与尺蠖在童年相遇

时间：2017.06.06
地点：后院

竹筒花盆

切口

竹筒

大号可乐瓶，侧面开口
装水，可水培养植

你是谁？

后院的墙壁太空旷，我自制了一个竹筒花盆并将它钉在墙上。

在西山坡护栏边，我连根挖出一株常青藤，又从水杉树下移来一棵野山药，将它们一并栽种到竹筒花盆里。

院墙紧挨着房子，墙外是高大的枫杨树，能照到花盆的阳光少得可怜，我还时常忘记给它们松土浇水。可是，就凭着雨水和零星的日光，这两株植物竟然自在地生长起来。

野山药越发充满生机，嫩绿色的藤蔓一个劲地向上攀，可能是想获取更多的阳光吧。就在我惊叹于植物强大的生命力时，一只嫩芽般的小尺蠖映入眼帘。我刚想凑近仔细观察，只见一只红色的小蜘蛛沿着常青藤爬了上来。

小蜘蛛很快又爬到了野山药的藤蔓上，我真替小尺蠖捏了把汗，蜘蛛可不是吃素的呀！

小蜘蛛还在继续向上爬，也许这次它不用织网就可以捕获猎物了。

我忧心忡忡，却发现小蜘蛛和小尺蠖相遇时，并没有伤害小尺蠖的意思。小蜘蛛停下来，打量着眼前这只绿芽般的尺蠖，然后朝侧面抛了一根蛛丝，在空中荡来荡去。

或许小尺蠖和小蜘蛛都是刚刚来到这个世界，一个还不知道恐惧，一个还不知道杀戮，它们只想做游戏交朋友。

chǐ huò
- 尺 蠖

尺蠖蛾科昆虫幼虫的
通称。幼虫细长，行
动时一屈一伸，像座
拱桥。休息时身体能
斜向伸直，形似小枝
或叶柄，以叶为食。

zhī zhū
- 蜘 蛛

节肢动物，喜欢捕食
小昆虫。很多种类的
蜘蛛能分泌毒液，毒
性可杀死小动物，少
数毒性强的还会危及
人的生命。

苔藓开花了吗？

时间：2017.05.17
地点：走廊矮墙

我可不是柳絮哦，
我比柳絮还要漂亮！

青砖矮墙上，苔藓长得一年比一年厚实了，常会有朋友顺手铲一块带回去点缀盆景。

清代诗人袁枚写过一首关于苔藓花的诗："白日不到处，青春恰自来。苔花如米小，也学牡丹开。"

读到这首诗之前，我还真没有留意过苔藓开花的样子，今年倒要仔细看看。

早上我路过北走廊矮墙，特意放慢脚步，竟然看到一株苔藓真的开花了。只是眼前的苔藓花比米粒要大一些，而且还是白色的花瓣。

正当我感叹苔藓花的生命之美时，眼前的小白花竟然移动起来，先是沿着苔藓花柄到了根部，接着又移动到另一株苔藓上，最后飞了起来，我赶忙追过去，一跃而起，伸手拦住苔藓小花。小花乖乖地落到我的手掌里，我小心抬起手掌仔细端详，才发现这根本不是花，而是一只蚜虫。

我查了资料才知道，这是一种榆四脉棉蚜虫，近看，确实像一朵花，丝丝缕缕的"花瓣"呈现半透明的白色。

五月，榆四脉棉蚜虫常常飘浮在空中，像柳絮，又像飞舞的雪花，所以它也被称为雪虫，听起来倒是很有诗意。

与蜉蝣在早晨相遇

时间：2015.05.15
地点：前院树桩

早晨，在前院墙脚的树桩上，有一只刚蜕皮的蜉蝣。它看起来十分柔弱，我靠近时也没有飞走，只是稍微向上移动了一下。

这是我第一次在书坊见到蜉蝣。蜉蝣是现存最古老的有翅昆虫之一，在两亿多年前便已存在。它的一生要经过卵、稚虫、亚成虫、成虫四个阶段。

当蜉蝣从水里羽化为美丽的成虫时，生命倒计时便立即开启。它的咀嚼和消化功能都已退化，可以说是真正的不食人间烟火。它短暂的成虫时间属于婚飞的天空，即很多只群集在空中飞舞交配，完成一生的终极目标。有的蜉蝣早晨羽化，到了晚上便死亡，因而有了朝生暮死的说法。

蜉蝣的颜值很高，两千多年前的《诗经》里就有描写蜉蝣美貌的诗句：

"蜉蝣之羽，衣裳楚楚。……
蜉蝣之翼，采采衣服。……
蜉蝣掘阅，麻衣如雪。……"

我现在正好可以一边默诵着诗句，一边欣赏眼前的蜉蝣之美。

fú yóu
● 蜉 蝣

成虫翅膀半透明，前翅发达，后翅极小，腹部末端有两条长长的尾须，飞舞时纤巧动人；寿命仅数小时至一周，一般朝生暮死。

眼前的蜉蝣两只复眼很大，是淡淡的石绿色。背部为淡红褐色，上面竖着一对晶莹剔透、薄如轻纱的翅膀。

这只蜉蝣的胸部呈红褐色，腹部的后半部呈嫩黄色，末端有两条长长的尾须。

蜉蝣的前足很长，背部线条舒缓柔和，再加上长长的尾须，尽显其纤细婀娜的身姿。细长的前足可以在交配时紧紧抱住雌虫，确保在短暂的时间交尾成功，而随风飘逸的尾须则有利于平稳飞行。

眼前的蜉蝣便是在做婚飞前的准备，它期待着夕阳西下时，能奋力振翅飞向空中，尽快寻找到交配的伴侣。

蜉蝣的成年阶段很短暂，却尽情绽放了生命的绚烂。

蚂蚁观影

时间：2019.05.18
地点：前院金银花叶

金银花的叶子一夜之间抽出来好多，花苞看起来快要绽放了。

一只正寻找食物的蚂蚁，从地面爬上竹篱笆，又从竹篱笆爬上金银花。接着，这只蚂蚁又从金银花的主干爬到左边的分枝，最后停驻在最下边的一片叶子上。

这里似乎很安静，没有其他蚂蚁伙伴们忙忙碌碌的身影，也没有不同蚁群间的斗争，只有阳光、绿叶和温暖的风。

蚂蚁想在这里打个盹，它已经很久没有好好休息了。

在阳光下，蚂蚁梳理着触角，耷拉着脑袋准备小憩。

它身旁的金银花叶片，此时变成了一块天然的投影幕布。蚂蚁好奇地看着叶子上自己的剪影，一下子没有了困意。

我真是太累了，可是还有好多事要做！

mǎ yǐ
● 蚂 蚁

小型昆虫，多为红褐或黑色，通常成群穴居，可通过触角辨识气味。力气很大，能扛起比自己重很多倍的物体。

19

创作时间到啦！

用你的画笔为这幅美丽的春景图增添色彩吧！

好一片生机勃勃、万物复苏的景象！发挥想象力，

从冬眠中苏醒的虫子们在淅淅沥沥的春雨中相遇了，

重获自由的蜥蜴与面包虫

时间：2019.05.30
地点：枫杨树

虽然我没有毒，但是急了也会咬人哦！

朋友来访，送我一只小蜥蜴作为礼物。

小蜥蜴被装在一个透明的盒子里，盒子里面有一层细沙、一根枯枝和一片枯叶。小蜥蜴在盒子里左冲右撞，显得十分焦躁不安。盒里还有一只面包虫，是蜥蜴的口粮。面包虫并不知道什么是危险，还在不紧不慢地蠕动着。

我很少养小动物，总觉得在自然中观察它们，才更合适、更有趣。

我决定把小蜥蜴和面包虫都放归自然，既节省了自己照看的时间，也能让它们都获得自由。

我刚把盒盖打开一点，小蜥蜴便迫不及待地探出头。它似乎不相信这么快就能获得自由，竟然愣在了那里。我把盒盖再打开一点，小蜥蜴明白了我的意思，迅速爬了出来，但它并没有马上逃跑，而是先在原地转了一圈，然后才钻进了草丛里。

面包虫依然在盒子里慢慢蠕动，小蜥蜴在与不在，似乎都跟它没什么关系。

xī yì
● 蜥蜴

爬行动物，身体表面有细小鳞片，多数有四肢。尾巴细长，为迷惑敌害，可自行断掉。也叫四脚蛇。

miàn bāo chóng
● 面包虫

又称黄粉虫。幼虫呈圆筒形，黄褐色。成虫身体长而扁，黑褐色，具有金属光泽。

　　我本想把面包虫也放归自然，又担心它很快被小鸟吃掉，决定再多留它一段时间，等到它长大变成了甲虫，再放走。

　　面包虫在盒子里待了几天，只见它动作幅度越来越小，身体也慢慢变硬。它的样子也一天天在改变，头部变大，背部隆起，轻触背部时，面包虫还会有轻微的反应。

　　又过了两天，我看到面包虫终于脱下了原来的衣服，变成了一只黄粉甲虫，是时候去面对真正的大自然了。

　　我带着黄粉甲虫来到室外，把它放到地上。黄粉甲虫并不像瓢虫或萤火虫那样擅长飞翔，它很快就钻到枯叶下面，原来黄粉甲虫是怕光的。

　　我直起身准备回屋，正好看到一只小蜥蜴从墙脚路过。我猜想它应该就是我之前放掉的那一只。当然，不管是不是，我希望小蜥蜴和黄粉甲虫，都能拥有属于它们自己的自由而完整的一生。

新鲜的蛇莓

时间：2021.06.01
地点：北草园

墙脚的石缝里有一株蛇莓，平时无人过问，可长势竟然比我花盆里栽种的植物还好。

五月初，蛇莓结果了。我想摘一颗来品尝，可是看到它那圆圆的可爱模样，便没舍得下手。

蛇莓越长越大，叶柄渐渐承受不住果实的重量，慢慢歪倒在地。

一只蚂蚁正好路过，它在蛇莓前停下脚步，又上前咬了一小口，可能感觉味道不错，于是想将整颗蛇莓搬走。

蛇莓是连着根茎的，蚂蚁根本挪不走。

蚂蚁不敢独自享用美味，很快回巢。它要告诉其他伙伴："赶快跟我去吃新鲜的蛇莓！"

shé méi
蛇 莓

蔷薇科，多年生草本植物，全株有柔毛，叶子为菱状长圆形或倒卵形，花朵单生，花瓣为黄色。瘦果卵形，成熟后红色，鲜时有光泽。

穿黑斗篷的玉带凤蝶

时间：2019.06.21
地点：天井

早晨，我在盆栽柑橘的叶子上发现了一只玉带凤蝶幼虫。

这只幼虫身体胖胖的，脑袋圆圆的，后背还有两只炯炯有神的"大眼睛"，这是眼斑，可以用来吓唬天敌。

我把幼虫安置在饲养盒里，还摘下几片柑橘叶子盖在了它的身上。随后我将盒子放在天井走廊的桌子上，没有再怎么管它。有一段时间太忙，我甚至忘了这只小胖虫的存在。

又过了两个星期，早上我路过天井时，看到一只黑色大蝴蝶挂在盒子的边缘，原来是小胖虫刚刚破蛹成蝶，旁边还挂着蛹壳。

我伸出手慢慢靠近这只玉带凤蝶，它移动到我手上，用前足牢牢抓住我的小拇指，就像刚出生的婴儿。凤蝶不知是害怕还是害羞，躲到我的手掌后面，只肯露出眼睛，并轻轻摇动触角。

阳光明媚，暖风拂面，玉带凤蝶的翅膀很快便完全打开。凤蝶翅膀整体为黑色，上面有条状斑纹，目测展开的翅膀宽度应该有八九厘米。

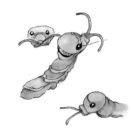

yù dài fèng dié
● 玉 带 凤 蝶

一种较为常见的蝴蝶，一生经过卵、幼虫、蛹、成虫四个不同发育阶段。善于伪装，幼虫刚出生时，外表极像鸟粪，喜食柑橘、花椒树叶。成虫颜色艳丽，飞行缓慢优雅，爱访花。雄蝶斑纹横贯全翅似玉带，故得名。

我从没有这么近距离观察过一只凤蝶，凤蝶好像也感觉到我没有恶意，从我的手上爬到肩上，又爬到帽子上，一张一合的翅膀格外醒目。

阳光越来越明亮，玉带凤蝶在我的帽子上停留片刻，振翅飞向了天空，一对黑色的翅膀远看就像魔法师的斗篷。

洁白的舞裙

时间：2016.06.18
地点：北走廊

去年春天，朋友送我一株香椿树苗，我将它栽在北走廊的花盆里。每天按时浇水，经常施肥，香椿树长势一直很好。

到了今年春天，香椿却出了些问题，有几片叶子打了褶，还有几片嫩叶卷曲成了饺子的形状。

我十分纳闷，翻过叶子细看，并没有发现贪吃的毛毛虫和蚜虫。只是有一些絮状的东西，像棉花团一样粘在叶片上，我正想掸去，这些"棉花团"却突然移动起来。

我惊诧不已，伸出手挡住一小团"棉花"的去路，凑近细看，才发现里面藏着虫子的头和脚，只是太小，不容易一眼看出来。

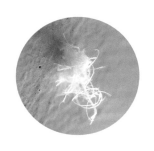

一番查找资料过后，我终于弄明白这些"棉花团"是蛾蜡蝉若虫。这些白色絮状物为蜡丝，非常脆弱，很容易折断脱落。一只蛾蜡蝉若虫爬上我的手掌，我小心地将它移到窗台上。它在白色窗台上自如行走，一缕缕蜡丝高高扬起，随风飘摇，远看就像舞者的芭蕾舞裙。

é　là　chán
● 蛾 蜡 蝉

蛾蜡蝉科昆虫，一生经由卵、若虫、成虫三个虫期，没有蛹期。若虫善跳，受惊时便迅速弹跳逃逸，多数群聚在植物的嫩枝上，刺吸汁液，夺取植物的营养，使之衰弱枯萎。

我看着这个小舞者，暗自惊叹，香椿叶子被啃食的怨气也瞬间消失无踪。

一场虚惊

时间：2017.06.28
地点：北草园

一只小尺蠖正在叶尖上散步。我对尺蠖有天生的好感，因为它从未咬过我，走路的样子还很有趣。于是我目不转睛地盯着这只小尺蠖，想仔细观察它到底怎么走路。

突然，一个黑白相间的身影落在小尺蠖面前，我一怔，下意识后退一步。

原来是一只多氏田猎蝽。多氏田猎蝽身上的图案黑白分明，给人感觉异常威武。要知道多氏田猎蝽可是凶猛的捕食性昆虫，它的口器可以弯成三节钩子。一旦发现猎物，多氏田猎蝽就会用前足牢牢压住猎物，然后将它的口器迅速刺入猎物身体，注射麻醉液。有时候多氏田猎蝽连蜘蛛、胡蜂和蝎子都敢攻击，甚至可以刺伤人类。

小尺蠖似乎也嗅到了危险的气息，弓起的身体一动也不动。

看到我的三节钩子了吗？我什么虫子都不怕！你太小了，我看不上！

duō shì tián liè chūn
● 多 氏 田 猎 蝽

半翅目昆虫，身体扁平，口器长喙状，适于刺吸。

kǒu qì
● 口 器

节肢动物口周围的器官，有摄取食物及感觉等作用。

我顺手拿起墙边的笤帚，准备驱赶多氏田猎蝽，可又怕伤了小尺蠖，举起的笤帚停在了半空。

　　只见多氏田猎蝽打量着眼前的小尺蠖，还抬起前足碰了碰小尺蠖的背，我再次挥动笤帚准备干涉。也许多氏田猎蝽刚刚捕食了猎物，眼前的小虫子并未引起它的食欲。

　　多氏田猎蝽似乎感觉到了我对它的不满，不紧不慢地飞到对面的墙上。

　　我赶紧移走小尺蠖，带它去找一个隐蔽的地方，总算结束了一场虚惊。

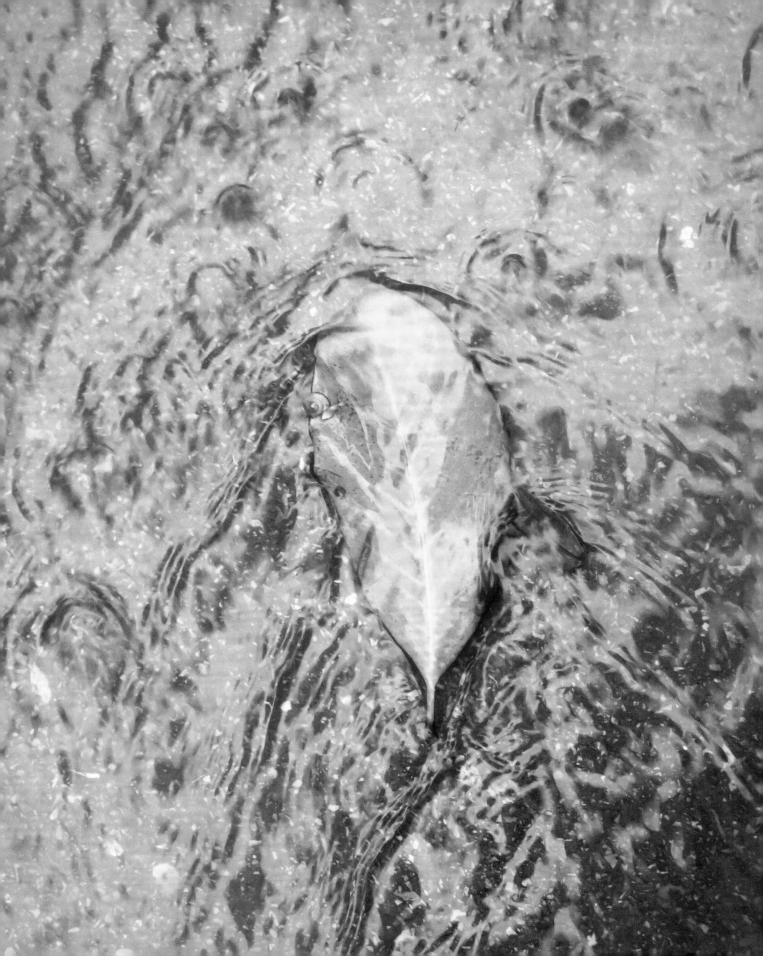

激流中的叶子舟

时间:.2019.06.15
地点：枫杨树

雨下得很大，我撑着伞顶着风向工作室行进。

雨点噼里啪啦地打在雨伞上，我低着头，用脚试探着路面上积水的深浅。

这时，一片叶子急速漂来，仿佛一叶小舟顺流而下。

叶子漂到我前面不远处，被一个石块卡住了。我下意识地看了一眼，一个身影跃入眼帘——一只小蜗牛正牢牢地钉在激流中的叶子上。

我弯下腰，想把蜗牛捡起来移到安全的地方。手指刚要触碰到蜗牛壳，一阵狂风卷着暴雨袭来，蜗牛跟着叶子像离弦的箭一般，消失在视野中。

我懊恼自己动作太慢，没能让蜗牛脱险。

雨下了一个多小时，总算停了。

下班的时候，我还在担心那只蜗牛是否已经被冲到黑暗的下水道里。就在我走到丁字路口拐弯处的时候，在路边的水洼里又看到了熟悉的身影——一只蜗牛正在一片叶子上来回踱步，似乎在等待救援。

我蹲下来仔细端详，叶子已经不是之前在激流中看到的那片叶子了，但愿蜗牛还是那只蜗牛。这一次，我毫不犹豫地将它转移到了路边的草丛里。

蜗牛登上蘑菇塔

时间：2019.06.20
地点：后院墙脚

梅雨季节，书坊后院的墙脚长出了各种各样的蘑菇。蘑菇的样子总是让人想到蘑菇小屋和小屋里的童话。

有一株蘑菇长得比其他蘑菇都要高，远远看去就像一座瞭望塔。

一只蜗牛正在这座蘑菇塔上歇脚。真不知道它是怎样沿着蘑菇的菌柄一路向上，越过菌褶，最后爬到菌盖上的。

或许是吃饱的蜗牛身体分量不轻，再加上风的吹拂，蘑菇塔开始左右摇晃，蜗牛吓得趴在菌盖上不敢动弹。待风稍微停息，蜗牛才勾起头察看塔下的情况。

上塔容易下塔难，蜗牛怎么也找不到下去的路，只好在菌盖上绕着圈。

我将手指搭在蘑菇菌盖上，蜗牛便顺势爬了上来，看着它在我的手背上一直打转，我又将手指搭在身边的矮墙上，蜗牛似乎明白了我的意思，把手指当成桥，很快爬上了矮墙。

坐在大蜗牛背上过河

时间：2019.07.01
地点：前院马路

刚下了一场暴雨，书坊院门口积了很多水。

我站在台阶上，看着面前的水发愁。为了不弄湿鞋子，我从墙脚搬来几块砖头，打算放在积水里垫脚。

就在我弯腰放下第一块砖时，一只蜗牛缓缓涉水而来，远看就像一艘渡轮在水面航行。这应该是我在书坊见过的最大的蜗牛。

这只大蜗牛缓慢地从我眼前经过，它的壳竟然是由两种颜色拼接而成的，上面的螺旋花纹清晰可见，在气孔处还能隐隐看到裂纹，这可能是一只年长的蜗牛。

我的目光随着蜗牛移动，这时，一只小蜗牛从大蜗牛壳的另一面缓缓地爬了过来。大蜗牛的螺壳足够它爬来爬去地玩耍，玩累了，小蜗牛就好奇地看着水里的倒影。

一只黄底黑点的小瓢虫悄悄地飞了过来，轻轻地落在大蜗牛的背上，难道这只小瓢虫的翅膀被雨水打湿，暂时不能飞翔，所以正好借大蜗牛的壳歇歇脚？

看着大蜗牛背上的小蜗牛和小瓢虫，我真希望自己也变得和它们一样小，也能坐在大蜗牛的背上，和它们一起过河。

夏

创作时间到啦！

炎炎夏日，大树底下好乘凉！怕热的虫子们在树荫下不期而遇了。发挥想象力，用你的画笔创造一幅五彩缤纷的夏日聚会图吧！

蜗牛拯救了叶蝉

时间：2018.07.21
地点：前院

天气晴朗，青砖被阳光晒得暖暖的，一只叶螨在四处搜寻食物。

叶螨全身红色，身躯呈圆形，腿脚向外延伸，行动敏捷，就像一颗掉落的小珍珠在地上滚动。人们常错把叶螨当成蜘蛛，但仔细看，便会发现叶螨虽然也是八条腿，但头和身子是连成一体的。

一只应该刚变为若虫没几天的叶蝉，也在寻找食物，绿色的翅膀在阳光下格外好看。

绿色的叶蝉引起了叶螨的注意，只见它从背后一口咬住了叶蝉的翅膀。叶蝉遭遇突然袭击，于是拼命挣扎。叶螨原本是吃素的，不知怎么会对叶蝉产生了兴趣，难道只是在恶作剧？阳光下，红色的叶螨和绿色的叶蝉正进行着一场火热的拉锯战。

一只蜗牛缓缓爬行过来，停在了叶螨与叶蝉面前。叶蝉已经没了力气，歪倒在地，看到蜗牛，叶蝉连忙挥动着前足求助。

yè mǎn
● 叶 螨

俗称红蜘蛛。身躯柔软,常见的颜色有黄、黄绿、橙、红、红褐等。有针一般的口器,可以刺入植物,吸取汁液。

yè chán
● 叶 蝉

成虫外形近似蝉,体形细小,能飞行,善跳跃,以吸取植物汁液维生。独有的特征是后足胫节上,有很明显的排成列的刺状毛。

蜗牛性格温和,也不善争斗,对眼前的情景表示无能为力。

不过,蜗牛没有绕道而行,而是拖着满是黏液的身体笔直地冲着叶螨和叶蝉爬去。

叶螨还咬着叶蝉不放,蜗牛的身体像一辆汽车般行驶过来。叶蝉身体的前半部分被压住,好在蜗牛的身体柔软,叶蝉除了浑身沾上了黏液外,并不会有生命危险。但是蜗牛的黏液把叶蝉牢牢地粘在了自己的身上,叶螨也被一起带走了。

或许蜗牛的黏液让叶螨非常不舒服,它松开嘴,挣扎着想离开蜗牛的身体。于是叶蝉趁机逃脱,爬到了蜗牛的背上,叶螨眼睁睁地看着蜗牛背着叶蝉渐渐远去。

不过,叶螨很快追了过去,在蜗牛的触角旁挥动前足,似乎在谴责蜗牛不但抢走了它的猎物,还让自己的身体到处沾满了黏液。蜗牛像个性格温和的老人,对着叶螨摇了摇头,继续慢悠悠地前行。

跌落的天蛾幼虫

时间：2018.07.15
地点：走廊地板

早上出门时，我在北走廊看到小猫切糕正用爪子拨弄着什么，那东西一动不动，任凭切糕戏弄。

起初我以为是枫杨树上掉下的一串果实，走近一看，原来是一种天蛾幼虫，肥嘟嘟、圆滚滚的。

切糕左右爪交替拨弄着天蛾幼虫，不时凑上鼻子闻一闻，玩累了，就停下来，静静地坐在天蛾幼虫旁边。天蛾幼虫以为危险过去，蠕动了几下，准备溜走。切糕并没有马上行动，而是等天蛾幼虫走了一段距离，才又伸出爪子使劲拨弄起它来。

天蛾幼虫非常绝望，不顾切糕爪子的锋利，在地板上拼命翻滚挣扎，地板缝似乎成了它唯一的逃命之地。天蛾幼虫想挤进地板缝里躲藏起来，可惜身子太胖，地板缝根本容不下它。天蛾幼虫钻了大半天，身体还有一半露在外面。

切糕又忍不住走了过来，我担心切糕的爪子伤了天蛾幼虫，于是呵斥切糕离开。

我找来一个盒子，放了些腐土，然后把天蛾幼虫放进盒子里。它一碰到土，如鱼得水，马上钻了进去。

但愿这只天蛾幼虫很快能化蛹成蛾，到那时候，它便可以自由地在空中飞舞，来逗逗曾经戏弄过自己的切糕了。

tiān é
● 天 蛾

天蛾科昆虫，种类甚多。幼虫肥大，身体表面光滑或有许多小颗粒。以叶为食，幼虫老熟后钻入土中化蛹。

虫来如诗如画

时间：2018.07.25
地点：阳光房

书坊的墙是乳白色的，连百叶窗和阳光房的卷帘也是乳白色的。

白色最容易衬托物体，所以在书坊的日常生活里，总能捕捉到充满诗意的画面。

中午我在阳光房小憩，恍惚中听到沙沙的声音。循声望过去，原来是一只蜻蜓误闯进来，我喜出望外，终于可以从容地观察和拍摄蜻蜓了。

蜻蜓是古代诗人和画家喜欢欣赏的对象，在很多古诗词和工笔草虫画册里，蜻蜓都是很常见的意象。

我拿来相机，连按快门，很快就捕捉到了一幅生动的蜻蜓兰草图。

一只蛾子也误入了阳光房，我拍了几张，感觉缺少几分野趣。于是我飞奔出门，在院子里拔了一支芦苇，又顺便在墙脚采了一株野花，把它们插在瓶子里当前景，蛾子的姿态马上活了起来，这样又得一幅初秋野趣图。

在书坊，只要留心看，愿意等，虫子们常常会进入视野，给人留下充满诗意的画面。

当然，观察拍照完毕，一定要打开门窗，请虫子们回到自由的天地。

护卵的肖蛸

时间：2015.07.20
地点：天井西墙

天井西侧的墙壁上，一个绿色的身影在缓缓移动，我走近细看，原来是一种叫肖蛸的蜘蛛，它正拖着一个白色小圆球艰难前行。

这个小圆球是肖蛸的卵囊，由絮状白色蛛丝缠绕而成，直径大概七八毫米，可以隐约看到丝球中间的绿色卵粒。

肖蛸应该是想到屋檐底下去，那里可以遮风挡雨，也不易受到天敌攻击。

它见我走近，先是一怔，随后立即丢下卵囊逃走。

宝贝安心睡觉，妈妈在你们身边，一步也不会离开的。

xiāo shāo
● 肖 蛸

蜘蛛中的一类，身体细长，腹部长，呈圆筒形，步足长而多刺。通称喜蛛或蟢子，常被认为是喜庆的预兆。

它跑到右侧约一米处又停了下来，开始对我挥动前足，动作很夸张，似乎要竭力引起我的注意。

我想，可能是肖蛸怕我抢走卵囊，故意吸引我的视线，让我到它跟前去，从而远离卵囊。

我故意停留在卵囊前，任凭肖蛸手舞足蹈，我都死死盯着这个卵囊。

肖蛸见我原地不动，只好停止挥舞，又回到卵囊前。它生怕我会动手毁坏卵囊，赶紧用身体覆盖住了整个卵囊。

我为肖蛸的行为感叹不已，实在不忍心继续恶作剧，于是向后挪动了几步。

肖蛸看我走开了，赶快重新拖起卵囊，继续向屋檐行进。

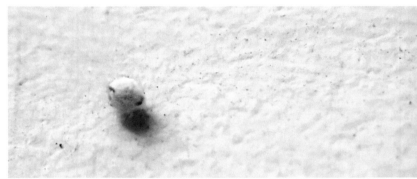

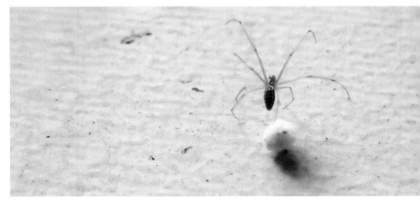

喜欢背垃圾的草蛉幼虫

时间：2019.08.09
地点：枫杨树

草蛉幼虫像一个收废品的流浪汉，每天都要驮着一堆垃圾艰难行走。看它比米粒大不了多少，背部却能承受很大的压力，就像昆虫界的骆驼。

一只草蛉幼虫刚出门，身上还没有背多少东西。

它在一片枯萎的花瓣前停了下来，花瓣已经被人踩扁，牢牢地粘在地上。

草蛉幼虫低下头，用它那猎杀神器般的上颚和下颚铲起花瓣。

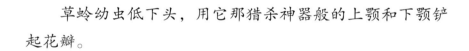

草蛉幼虫又称蚜狮，一天之内可以用上颚和下颚刺杀上百只蚜虫。吸光蚜虫们的身体组织后，草蛉幼虫还会把蚜虫的空壳连同一些杂草花瓣背在身上，这样就把自己的整个身体掩盖起来，更加方便捕食从眼前路过的猎物。

只见眼前这只草蛉幼虫先用两只钳子般的上颚铲起花瓣，然后抬起头，直接将花瓣甩到背上，再晃动几下身体，背上的钢毛就能把花瓣固定住，以便它继续寻找下一个猎物。

• 草 蛉

幼虫呈纺锤状，捕食蚜虫等，也称蚜狮。成虫
身体细长，复眼有金色闪光。翅膀宽阔透明，
极为美丽。常在草木间飞翔，在叶上产卵。

换衣服的虫子们

时间：2019.09.14
地点：枫杨树

天冷了，
幸好有围脖。

在院子里的矮墙边，一只西瓜虫正翻越一根枯枝。远看这只西瓜虫非常特别，因为它围了一条白色的围脖，在西瓜虫整个灰色身体的映衬下，围脖显得格外醒目。

难道是天气变冷了，西瓜虫找来了一条围脖御寒？还是某种花瓣正好凋落，粘到了西瓜虫的脖子上？我凑近仔细看，原来那是它自己没蜕完的壳。

我真想帮它把这块剩余的壳拿掉，不过看到西瓜虫戴着围脖的可爱样子，我打消了帮忙的念头，只是默默地目送它远去。

xī guā chóng
● 西 瓜 虫

卷甲虫属的一种，西瓜虫乃俗称。多在阴暗潮湿的墙脚或石头、土块下活动，晚上和清晨时活动最为频繁。受惊后立即卷曲成团，形似西瓜。

走廊里有一口闲置的缸，我在缸里种了一株茄子，夏天光线充足，茄子长势很好。我也常常在缸前停留，看茄子开花，直到长出紫色的茄子。

一天早上，我在茄子缸前看到了一只黄色的瓢虫正在换衣服。这是茄二十八星瓢虫，背上二十八颗斑点依稀可见。

看着刚脱下的如薄纱一般的衣服，瓢虫没有马上离去，看起来有点依依不舍。

一场雨过后，朴树的树皮颜色更深了。一只乳白色虫子伏在树干上，很像一只螳螂。

走近一看，原来是刚脱下衣服的螳螂。不知这是它第几次换衣服，据说螳螂一生通常要换三到八次的衣服才会最终长大。

真没想到螳螂也有这么好看的时候，浑身透明，像一件玉雕工艺品。而那件刚脱下来的衣服则是我们日常所熟悉甚至讨厌的螳螂的样子。螳螂对自己的旧衣服毫不留恋，很快就爬向树荫深处。

枯叶上的生机

时间：2018.09.12
地点：枫杨树

　　一片枯黄的叶子落在窗台上，一直没有被清理。前几天连着下雨，叶子已经发霉，正从叶柄处开始腐烂。

　　我正想弯腰清理掉叶子，却发现叶面长着几株说不出名字的菌。

　　我干脆蹲了下来，仔细观察菌的样子。

　　从侧面观察，能很清楚地看到这种菌长得像撑开的小雨伞。两株菌的颜色不同，左边的是白色，右边的是土黄色，而最右边的那只，伞盖已经枯萎收缩。我查了一下资料，才知道这种菌类是小皮伞菌的一种。

　　在两株菌之间，竟然有一只小蜘蛛在织网。也许这里是幼小的蜘蛛初次练习织网的好地方，下雨的时候，它还可以把菌盖当成雨伞来避雨。

　　一只小蜗牛正缓缓爬过叶面，迎着光，可以看到小蜗牛摇晃的触角和透明干净的身体。

　　小蜗牛看到织网的小蜘蛛，显得格外谨慎，难道是害怕弄坏小蜘蛛辛辛苦苦织的网？

　　原来，看起来已经枯死的叶子上，也自有一派勃勃生机。

水杯里的大营救

时间：2019.09.17
地点：阁楼

快来蚁啊——
有蚂蚁掉到水里啦！

　　天气干燥，嗓子发炎，睡前我调了点蜂蜜水润嗓。喝完水，我便将杯子随手放在桌上。

　　第二天一早，我看到杯子被很多蚂蚁占领了。真不知道是哪只蚂蚁通风报信，喊来这么多同伴。

　　蚂蚁们纷纷在杯口试探，有好几只蚂蚁实在抵挡不住蜂蜜的甜味诱惑，跌落到水里。

　　落水的蚂蚁们不停挣扎，甚至都没有力气游到杯子的边缘。

不过它们很快稳住阵脚，慢慢开始互相靠拢，凭借彼此的浮力，形成一个小岛。

落水蚂蚁们试图整体移动，可效果并不明显，它们肢体相连，交头接耳。有几只蚂蚁已经失去活力，不再挣扎。

在杯子边缘有很多观望的蚂蚁，它们沿着杯口来来回回，有一只蚂蚁好像得到指令，沿着杯壁下水，奋力往水中央游去。

难道这只蚂蚁是带着任务去组织营救的？它和其他蚂蚁在水面继续打转，似乎在思考怎么尽快离开水面。

杯子里的水很冷，落水的蚂蚁们看来不想再等待。最后加入的那只蚂蚁确定了一个方向，带头开始朝杯子的东南方向游去，第二只蚂蚁紧随其后。就这样，它们依次排着队，首尾相连，游到了杯壁处。

而杯口聚集了越来越多的蚂蚁，它们是否在等待接引落水的蚂蚁？

创作时间到啦！

秋风袭来，枝头的树叶纷纷凋落，虫子们是在依依不舍地送别落叶吗？发挥想象力，用画笔来描绘出你心中的秋日景色吧！

苍蝇的葬礼

时间：2015.09.21
地点：展厅窗台

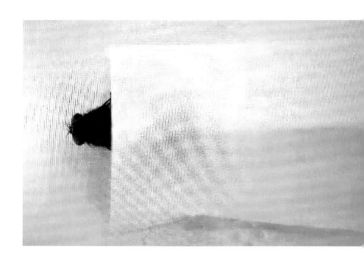

　　展厅的窗玻璃有点脏，下班后，我找来抹布把玻璃擦干净。明净的窗户看着很是惬意，我便坐在窗台上看起了外面的风景。

　　一团黑影从眼前划过，接着传来啪的一声，一只苍蝇撞上玻璃栽倒在窗台上。我忙弯腰细看，苍蝇已经不再动弹。

　　看着苍蝇直挺挺地躺在窗台上，我在想应该如何处置它。

　　苍蝇无疑是昆虫世界里最不受人待见的成员。人们通常赞美勤劳的蜜蜂和美丽的蝴蝶，却忽略了苍蝇的重要贡献。它们不仅常常奔忙于花丛中传授花粉，还是地球的环保卫士，大自然的清洁工。每当哪里有粪便或动物的尸体，它们总是第一时间到达。据说苍蝇强大的抗病毒能力也引起了科研工作者的兴趣。

　　看着苍蝇的尸体，我心生同情。我掏出两张纸巾，一张铺在苍蝇身体下，一张盖在上面，想让这只苍蝇死的样子看起来有一些仪式感。

　　我想让更多的朋友知道这只平凡的苍蝇死了，也想看看他们对待苍蝇的态度。于是我拍了一张盖着纸巾的苍蝇照片发布在微信朋友圈，并配了一句话："就在刚才，我的邻居苍蝇撞玻璃死了，请大家为这只苍蝇写一副挽联。"

　　没想到，短短一晚，我收到一百多副给苍蝇的挽联，还有朋友写诗画画，甚至为苍蝇撰写墓志铭。更有朋友建议为这只苍蝇办一个葬礼……

　　那段时间，每天都有朋友跟我讨论这只苍蝇的话题。

　　我逐渐疲于应付，便找来一个小木盒，将苍蝇入殓，埋葬在北草园，又用硬纸板做了一块墓碑，并在碑前献上几株野花以示祭奠。

遨游书海的衣鱼

时间：2016.09.21
地点：书房

这本书从来就没人打开过……什么时候才会有人发现我呢？

晚上我整理书架时，发现有一本在旧书店买的线装书，用塑料袋包裹着，很长时间都没有打开过。

我撕开塑料袋的封口，封面上断断续续的虫蛀纹引起了我的兴趣，因为我最近正好在研究虫子的啃咬痕迹。

我正端详着这蜿蜒的虫蛀痕迹，一只衣鱼从蛀道里爬出来，很快又消失。

我从来没有这么近距离观察过衣鱼，决定继续追踪。我找来一个收纳盒，把旧书放在里面，不一会儿，衣鱼再次出现。

衣鱼在收纳盒里惊慌失措，我隐约可以看到它银灰色的身体上覆盖着鳞片，头部有两根很长的丝状触角，身体末端有一对尾须和一条中尾丝，真像一条鱼。衣鱼喜欢啃食干燥的谷物、衣服和书籍，是图书馆里的常见访客，因此衣鱼也被称为书鱼、蠹（dù）鱼。

yī yú
● 衣 鱼

身体长而扁，头小，触角鞭状，无翅，有三条长尾毛。常躲在黑暗的地方，蛀食衣服、书籍等。

　　传说衣鱼吃了三次"神仙"这两个字，就会变成一种叫脉望的东西，读书人服用了脉望煎成的水，便可能成仙。

　　看着这只求生欲望很强的衣鱼，我并未伤害，而是将它放归书海继续遨游，毕竟我的书架上并没有昂贵和稀有的古籍。我倒也没指望这只衣鱼变成脉望，而是希望它咬出更多的痕迹，也许还会有意想不到的收获。

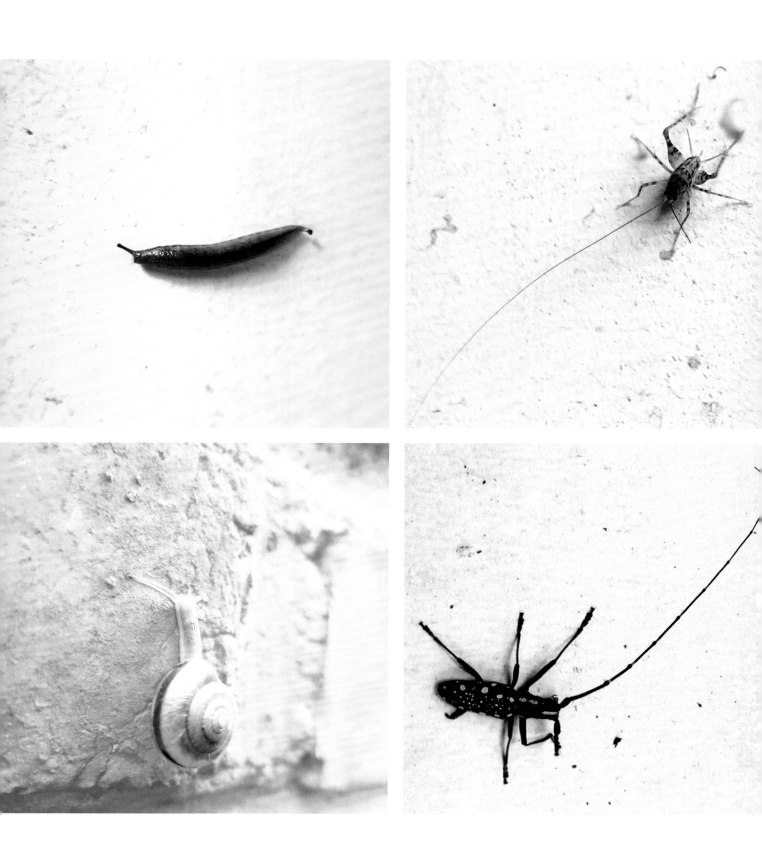

灶马

我们来比一比，谁的触角更灵活？谁的触角更长？

蛉蟋

天牛

独角的虫子

时间：2020.09.28
地点：书坊院墙

在书坊，我曾见过独角的蜗牛、鼻涕虫、天牛、灶马和蛉蟋。看惯了这些虫子们对称的触角，见到缺了一只触角的它们真有点不适应。

它们在何时何地因何失去了触角，我不得而知。我想要么是同类之间为了争夺食物或配偶而失去的，要么是在被天敌发现逃跑时被咬断的。

触角对于虫子们来说绝对不是装饰，它们有非常重要的作用。

蜗牛和鼻涕虫的触角能屈能伸，遇到触碰，便会很快收缩。它们的大触角顶端虽然长着眼睛，但视力很差，触角对于它们更像是弱视的人的拐杖，一旦遇到障碍物，便可以绕行或改变方向。

灶马、蛉蟋和天牛的触角像天线一样，总是在不停地左右摇摆，这是在接收外部的信息。此外，它们的触角也像一把尺子，能通过测量来感知空间大小，在飞行或跳跃时还能起到平衡作用。

除此之外，据说雄性昆虫的触角还能感知到雌虫传来的雌性激素，并据此来寻觅配偶。

失去一只触角一定会给它们的生活带来许多不便，需要各自慢慢适应。

tiān niú
● 天 牛

身体呈长椭圆形，雄虫触角比身体长。种类很多，常见的有星天牛和桑天牛。

zào mǎ
● 灶 马

无翅，长腿，触角长，一般为黄褐色。善于跳跃，常出没于灶台与杂物堆的缝隙中，以剩菜、植物及小型昆虫为食。

líng xī
● 蛉 蟋

体形较小，头圆，复眼突出，触角细长。雄性有发音器。大多生活在草丛或灌木丛中。

一床叶子被

时间：2020.10.30
地点：走廊

一场秋雨一场凉。这几天连续降温，树叶也窸窸窣窣地飘落到地面，每天都要清扫一大堆。

一只毛毛虫懒洋洋地爬过来，感觉十分疲惫，迫切地想找个地方大睡一觉。它找到一片枫杨叶子，叶子卷曲形成的空间正好容得下它的身体。毛毛虫钻了进去，就像睡在摇篮里。

一只芋双线天蛾幼虫一直饿着肚子，现在总算找到这片叶子，它才不管里面睡着的是谁，也不管枯叶难以下咽，立即开始啃咬起来。也许是它太过疲倦，没啃几口，索性也趴在叶子的边缘睡着了。

瓢虫从树上飞了下来，它才不在乎眼前是毛毛虫的脑袋还是屁股，先钻到叶子下面打个盹再说。

一只鼻涕虫爬了过来，它光着身子，也许是感觉到了阵阵凉意，索性也钻到叶子被下，和天蛾幼虫挤到一起。

就这样，深秋的下午，四只虫子共用一床叶子被，呼呼大睡。

yù shuāng xiàn tiān é
• 芋 双 线 天 蛾

幼虫身体呈圆筒形，较粗大。体色多有变化，通常为绿褐色和紫褐色。胸背有两行黄白点，身体两侧有黄色圆斑和眼状纹。腹部末端有一个黑色尾角，仅末端白色。

深秋来客

时间：2019.10.14
地点：阳光房

午饭后，我忙完手头的事，到后院阳光房小憩。我泡了一杯茶，靠着椅背闭目养神。

迷糊中，我伸手端起茶杯，却触碰到一个异样的东西。睁眼一看，原来是只螳螂，真不知它是什么时候从哪里爬上了桌。

我把茶杯放到桌上，看螳螂用前足攀住杯口，难道是秋天干燥，它想来讨口水喝？

这只螳螂身体的颜色已经不再是夏天时的翠绿，而是浅红褐色，前足斑纹依稀可见，两只眼睛倒是炯炯有神。茶杯上有一只扒在杯口的螳螂，倒像一件工艺品，这也触发了我的灵感，如果做一只螳螂杯，说不准会很受欢迎。

螳螂静止不动，我也不急着喝茶。

我们沉默相对了一会儿，我还是决定暂时不接待这位不速之客，毕竟现在外面还没有多冷。

tāng láng
● 螳 螂

头部三角形，有巨大的复眼，胸部有两对翅膀、三对足。前胸细长，前足粗大呈镰刀状。常见的有：中华大刀螳，体长约八厘米，黄褐或绿色；棕静螳，也叫棕污斑螳，体长五六厘米，灰褐或暗褐色。

我把手指搭在杯口，螳螂不太情愿地爬了上来。我把它带到室外，寻思着如何安放。院子里的枫杨树应该是最合适的地方，如果它爬得足够高，不仅可以在树上晒太阳，还容易捕到食物。

为了日后的重逢，我用记号笔在螳螂的大刀上画了记号，再将它放到了枫杨树干上。螳螂扒住树干向上攀爬几步，中途停下来，转过头瞪了我一眼，不像是跟我告别，倒像是抱怨我太小气。

爬山虎的脚和壁虎的脚

时间：2018.11.29
地点：枫杨树

书坊刚改造好的时候，我在展厅东墙脚下埋了一段爬山虎的根。四五年的时间里，爬山虎不声不响几乎爬满了东墙。

今年我在东墙开了一个小窗，一部分爬山虎被拦腰斩断，才又露出一些白墙来。

我一直好奇爬山虎为什么有这么强的攀爬能力，而且不是依靠缠绕，只是在平面向上攀爬。

这几天气温持续下降，爬山虎的叶子基本落光，走近墙面，终于能看清楚爬山虎的脚。

爬山虎灰褐色的主干上生有幼枝，幼枝上生有卷须，卷须尖端长着黏性吸盘，这些吸盘就是爬山虎的脚，能牢牢地吸附在墙壁上。

一只小壁虎从爬山虎的枯枝间爬行过来，看来小壁虎想要找到一个安全的地方过冬。它路过我面前时，竟然放慢了脚步，难道是为了让我把它看得更清楚？

小壁虎的脚和爬山虎的脚竟然有点相似。壁虎四肢扁平宽大，有五个脚趾，脚趾下的皮肤有很多横褶，密布腺毛，也能够起到吸附作用。

爬山虎和壁虎的脚上都有吸盘，都能够在墙壁上行走，而且它们的名字里都有"虎"字，真是不可思议。

bì hǔ
● 壁虎

爬行动物，身体扁平，四肢短，趾端扩展，有黏附能力，能在壁上爬行。吃蚊、蝇、蛾等小昆虫。

风中的告别

时间：2020.11.06
地点：前院围墙

一夜狂风，枫杨树的朽枝枯叶落了一地。墙头的鸡屎藤依然在风中摇摆，还有一些果子倔强地挂在枝头不肯向狂风就范。

一只蜗牛的空壳挂在蛛丝上，不停地旋转。蚂蚁小心避让着蛛丝，生怕被粘住。

右侧的一根枝条上，一只蜘蛛正在捆绑一只奄奄一息的蚊子，这是蜘蛛秋天最后的午餐。

左边横着的枝条上，尺蠖呈一字形趴着一动不动，它实在没有力气再把身体弓成一座桥。

深秋时节，果实告别枝条，虫子告别地面，有的是暂时休息，有的则成为永别。

为蜘蛛留一盏灯

时间：2019.01.05
地点：阳光房

今日小寒，气温骤降，外面飘起了零星雪花。可前几天却很暖和，感觉春天就要来了似的。

我把阳光房的玻璃推拉门关上，打开空调，泡一杯热茶，准备虚度这个冬日午后。

看着玻璃门外的零星小雪，真希望雪下得再大一点。

一只蜘蛛从檐口缓缓降落，并不时触碰玻璃门，好像是要通过敲门来引起我的注意。估计是前两天太热，蜘蛛跑到了室外，没想到今天气温骤降，现在无处安身。

等蜘蛛落地后，我拉开移门，一股热气将蜘蛛吸引了进来。它毫不客气地爬进室内，看来是要把我这里当成过冬的住所。

蜘蛛沿着桌腿爬上了桌面，桌上有一盏台灯，灯罩是用竹子编的，里面的灯泡透过竹片的间隙散发出阵阵热浪。蜘蛛感觉到一股暖流扑面而来，便在此停驻。过了一会儿，蜘蛛又试着钻进竹编灯罩里，这样可以离灯泡更近一点。

晚上房间的空调是要关掉的，不过这盏台灯倒是可以开着，这样蜘蛛便可以舒舒服服地度过这个寒冷的冬夜。

冬

创作时间到啦！

冰天雪地的日子里，虫子们大多藏身在自己建造的地下宫殿，开始了漫长的冬眠。发挥想象力，用你的画笔涂出虫子们宁静祥和的冬日生活图景吧！

大雪纷飞,
我行走在虫子间……

时间: 2020.02.17
地点: 竹篱笆

书坊门前的两株桃树早早落光了叶子,光秃秃的树干显得有点落寞,昨夜一场大雪过后,桃树枝头仿佛又开出了白花。

此时此刻,不管在室内还是室外,都很难看到一只虫子。不过我敢肯定,我就置身在虫子间。

因为虫子们早有准备,它们知道在冬天来临之前必须储备营养,然后找一个适合自己的地方藏身。

住在灯罩里的蜘蛛正享受着灯泡散发出的温暖;书架后面,衣鱼、小壁虎正在打盹;天花板的夹缝中还藏着几只抱团取暖的瓢虫,天气好的时候它们甚至可以晒到太阳。

推开门,大雪刚停,外面白茫茫一片。踩着厚厚的积雪,我依然感受到我行走在虫子间。

头顶上方屋檐的缝隙里,野蜜蜂们正挤在一起,振动翅膀获取热量,努力维持着蜂巢内的温度;矮墙上那鸟蛋一样的刺蛾茧壳里,刺蛾蛹正和严寒较劲;面前的竹篱笆上,木蜂的巢口有序排列,小木蜂们正枕着妈妈酿造的蜜粮酣睡。

脚下便是庞大的蚂蚁家族宫殿，忙碌了大半年，辛劳的蚂蚁们终于不用再每天出门寻寻觅觅，可以在秋天拖进巢里的羽毛被下休息。

　　腊月是最冷的时候，也是春天即将来临的时候。

　　我为虫子们种的油菜即将返青开花，正等待着书坊的蜜蜂和蝴蝶来采花酿蜜；朴树下的竹篱笆也被我擦拭干净，期待新一代的木蜂们来选址筑巢；到时我会把院子里的荷花缸注满清水，以供虫子们各取所需。

　　虫子们，抓紧睡吧，很快，早春的雨水会松软了土壤，惊蛰的春雷会把你们唤醒。我期待你们继续在书坊讲述一个接一个的虫与虫、虫与人的美妙故事。

朱赢椿，男，有人说他是设计师，有人说他是画家、作家……这些称谓他都不介意，他喜欢别人称他是个好玩有趣的人。

他生活在南京师范大学校园里，有一个平房改造的工作室——随园书坊。因为植物丰富，不洒农药，所以他的工作室内外也是虫子的乐园。他每天都会花时间观察虫子，为虫子写书、拍照，请虫子画画写字，给虫子做展览。至今他已经出版《虫子旁》《虫子书》《虫子本》《虫子诗》等作品，深受国内外读者喜爱，有好几本书还被评为"世界最美的书"。

将来，他还会继续创作更多关于虫子的书。他希望看过他的书的人都能够不再怕虫，并开始观察自然，记录自然，热爱自然，成为充满想象力、好玩而有趣的人。

图书在版编目（CIP）数据

虫子间：少儿版 / 朱赢椿著 . -- 北京：新星出版
社，2022.6（2024.12 重印）
ISBN 978-7-5133-4764-8

Ⅰ . ①虫… Ⅱ . ①朱… Ⅲ . ①昆虫学－少儿读物
Ⅳ . ① Q96-49

中国版本图书馆 CIP 数据核字 (2022) 第 013640 号

虫子间：少儿版

朱赢椿 著

责任编辑 汪　欣
策划编辑 第五婷婷
特约编辑 李　珊　崔倩倩　白　雪
装帧设计 韩　笑　皇甫珊珊
插　　画 朱赢椿　朱小风
内文制作 田晓波
责任印制 李珊珊　万　坤

出　　版 新星出版社　www.newstarpress.com
出 版 人 马汝军
社　　址 北京市西城区车公庄大街丙 3 号楼　　邮编 100044
　　　　　　电话（010)88310888　　传真（010)65270449
发　　行 新经典发行有限公司
　　　　　　电话（010)68423599　　邮箱 editor@readinglife.com
法律顾问 北京市岳成律师事务所

印　　刷 北京奇良海德印刷股份有限公司
开　　本 889mm×1194mm　1/16
印　　张 6
字　　数 65千字
版　　次 2022年6月第一版　　2024年12月第七次印刷
书　　号 ISBN 978-7-5133-4764-8
定　　价 68.00元